中国航天基金会
CHINA SPACE FOUNDATION
本项目由中国航天基金会支持

中国航天奠基人钱学森的人生传奇

我们必须征服宇宙

第4册 谁和我比

钱永刚/主编
顾吉环 邢海鹰/编著
上尚印象/绘

小猛犸童书

电子工业出版社
Publishing House of Electronics Industry
北京·BEIJING

"你在一个**晴朗**的夏夜，
望着繁密的闪闪**群星**，
有一种可望而不可及的**失望**吧！
我们**真的**如此**可怜**吗？
不，绝不！
我们必须**征服宇宙**！"

妹妹看着钱均夫写给儿子钱学森的信，大受感动。

这封信真令人感动。

少年强则国强，所以我们一定要奋发图强。

我一定会的！

哥哥，钱爷爷到美国之后肯定还有很多故事吧？

当然了，你听我慢慢给你讲。

辗转了半个多月，钱学森终于到达了美国波士顿。

麻省理工学院。

钱学森走在麻省理工学院达尔文楼前。

我一定要掌握先进技术，将来报效祖国。

钱学森逐渐意识到，在美国这个科技发达的国家，要学习的新知识太多了。

想要科学报国，捍卫民族尊严，他一刻都不能松懈。

钱学森思维敏捷，知识面广，很快获得了数学老师和其他中国留学生的注意。

钱，你的逻辑能力和解决问题的技巧都非常棒！

钱学森，听说你成绩很好，能教教我这道题吗？

没问题，可以换个思路……

原来如此！

名不虚传！

你太厉害了，这么复杂的问题经你讲解一下就变简单了。

没什么，只是用了一些小技巧而已。

在校园的草坪上，几个美国学生凑在一起聊着天。

两个中国留学生从他们身边走过。

嘿！邋遢的中国小子！

怎么说话呢？

我要好好和他们理论理论，不要拦着我！

算了，美国人傲慢自大惯了，咱们别理他。

这时，钱学森朝这几个美国学生的方向走了过来。

其中一名美国学生拦住了钱学森的去路。

不信的话，我们个人来比一比，看谁的期末成绩更好？

呵呵，一言为定！

那就让成绩说话吧！

期末考试的日子很快就到了。

这次题这么难，我不信那个中国小子考得了好成绩。

这次的试题出得太刁钻了，没人能得 A。

成绩出来了，这位美国学生拿着试卷，大大的 B 很是刺眼。

中国来的高材生，考得怎么样？

你怎么不说话呢？

是不是考了个 C 啊？

钱学森不慌不忙地拿出试卷，只见试卷上大大的 A 旁边还有三个 ＋ 号！

A……
A＋＋＋……

请你以后学会尊重别人，尊重别人的祖国。

抱歉，我不应该那样说你的国家。

我们国家只是暂时落后，但绝对不会一直落后，你看着吧！

从此以后，再没人敢小瞧这位中国来的留学生了。

怀着强烈的民族自尊心，钱学森只用了一年的时间就拿下了航空工程专业的硕士学位。

拿到硕士学位的钱学森本来想去飞机制造厂实习，但是让他意想不到的事情出现了……

抱歉，我们这里不接纳外国学生实习。

钱学森在自己的住处给父亲钱均夫写信。

父亲，美国的民族歧视和排外思想使得我没办法到飞机制造厂实习，因此我决定转到美国加州理工学院的冯·卡门教授门下学习航空理论……

很快，钱学森收到了父亲的回信。

重理论而轻实际，多议论而乏行动，是中国积弱不振的一大原因。国家已到祸燃眉睫的重要关头，望儿以国家需要为重，在航空工程上深造钻研，而不宜见异思迁……

看来父亲不赞同，不！要想办法说服他。

这一年，钱均夫的好友蒋百里正好去欧美考察，于是他和钱学森见了面。

一番畅谈后，蒋百里非常赞同钱学森的想法。

谢谢您。

掌握航空理论有助于中国科技的快速发展。你好好学，你父亲那里我来做思想工作。

回到中国后，蒋百里将钱学森的想法告诉了钱均夫。

看来，是我落后了！哈哈……

航空工程与理论早已经一体化了，学森的思想很先进，你应该相信他。

没想到学森进步如此之大，我支持他。

1936 年 10 月，钱学森乘飞机来到加州理工学院，拜访冯·卡门教授。

加州理工学院有著名的力学、航空动力学研究中心。

钱学森来此拜见的就是在此任教、享誉世界的"超音速飞行之父"、著名力学大师冯·卡门教授。

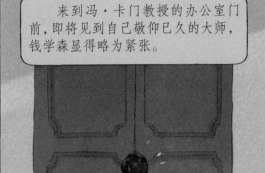

来到冯·卡门教授的办公室门前，即将见到自己敬仰已久的大师，钱学森显得略为紧张。

你好，卡门教授，我是来自麻省理工学院的中国留学生钱学森。

你找我有什么事吗？

我想由航空工程转学航空理论。

哦？是吗？那你能回答我几个问题吗？

没问题，请说。

冯·卡门提出了一系列专业问题，钱学森全部对答如流，并发表了自己的观点，深得冯·卡门赏识，连连点头。

你的专业知识过硬，思维也很敏捷，我愿意录取你为我的博士研究生。

谢谢你，教授。

我相信在这里你可以找到自己想要的。

冯·卡门不仅是航空、航天领域杰出的元老，还是一位出色的教育家，他一直都以智慧论才，从来不以肤色论才。

教授，你应该多收美国学生，而不是外国学生。

美国人？你说的是美国土著印第安人吗？

现在的美国人大部分是欧洲移民后裔（白人）和非洲贩卖来的黑人的后代，美国最早的土著则为印第安人。

冯·卡门的教学方式非常有特色，平时很少测验，只在学期末进行考试。

教授，能给我们一些复习提纲吗？

你们要复习提纲做什么？

你平时都不测验，我们怕学期末考得不理想……

有没有把知识学透，并不是光靠考试成绩就能看出来的。

或许在其他老师那里是这样，但在我这里绝对不是。

钱，如果我把考题和答案提前给你，你会要吗？

我不需要。

为什么？

我有自己的解题技巧和方法，不需要答案。

说得好！任何工程技术问题都没有百分之百的准确答案，我更看重答题思路，而不是分数。

冯·卡门每周都会召开一次学术讨论会，不论是权威专家还是在校学生，都可以在讨论会上畅所欲言。

这次，卡门教授安排钱学森上台。

我不同意你的观点。

那请你说说你的看法。

二人争论不休。

发言的人被钱学森驳得面红耳赤，身体发抖。

21

又是一次学术讨论，争论主角换成了钱学森和冯·卡门。

冯·卡门气得把钱学森的论文报告扔在地上，拂袖而去。

钱学森默默地捡起报告，低头发愣。

钱，你的观点是正确的，昨天是我错了。

第二天。

谢谢你，卡门教授。

冯·卡门的宽广胸怀让钱学森非常敬佩。

在冯·卡门的精心指导下，钱学森开始了突破"音障"（现称声速）的科学研究。

飞机的飞行速度达到音速（现称声障）时，阻力会剧增，进而对加速产生障碍……

为了攻克这个难题，钱学森除了学习航空理论，还自主学习了相关的数学、物理、化学课程，像复变函数、量子力学、相对论等。

终于，经过两年多苦行僧般的努力，钱学森找到了破解方法，这就是著名的"卡门－钱近似"公式。

老师，我找到解决方法了！

钱学森出色地完成了他的博士论文《高速空气动力学问题的研究》。

这篇论文的四个部分，分别以四篇文章的形式发表在了美国《航空科学》杂志上。

博士论文公开发表后，年轻的钱学森在世界航空界崭露头角。

1939年夏，钱学森顺利通过了论文答辩，获得了航空、数学博士学位。

钱学森在加州理工学院攻读博士学位时，曾参与过由冯·卡门的学生自发组织的"火箭实验工作"。

钱同学，你也对火箭研究有兴趣吗？

是的，最近正在看这方面的文章。

我组织了一个火箭研究兴趣小组，你有意加入吗？

当然，我非常愿意。

太好了，我们的研究工作就需要你这样具有理论思考能力的人。

我们共同努力！

就这样，钱学森加入了火箭研究小组，担任理论设计师。

我们将这份研究报告发表在《富兰克林学会会刊》上吧！

1937 年 5 月，钱学森向小组提供了一份研究报告，后来被整理成《火箭发动机喷管扩散角对推力影响的计算》。

我们要把火箭技术重视起来。

这份报告引起了美国科学家们对火箭技术的重视。

1937 年，火箭研究小组得到冯·卡门的支持，从自发小组成了古根海姆实验室下属的一个课题组。

我们终于有实验室了！

但是，火箭研究小组的实验并不顺利。

什么味道？好臭。

真的好臭啊！

是盛四氯化碳的瓶子被打翻了！

四氯化碳的臭味蔓延到了加州理工学院实验大楼内。

同学们知道臭味是火箭研究小组造成的以后，纷纷指责他们。

不久后，火箭研究小组又开始了新实验。

一次，实验室发生了爆炸，一瞬间浓烟滚滚，小组成员纷纷向外跑去。

实验总是失败，那钱爷爷参加的火箭研究小组是不是要解散了？

怎么会呢，只要不气馁，汲取了一次次的失败教训，就会取得成功啊！

那后来呢？

后来啊，正好有一个科学研究项目让火箭研究小组的研究工作取得了成功。

哥哥你快给我说说，钱爷爷他们那个小组是怎么成功的。

后来，火箭研究小组被勒令搬到郊区进行实验，这个地方后来发展成了全球著名的"喷气推进实验室"，也就是NASA喷气推进实验室。

1938年秋，冯·卡门与加州理工学院的校长参加了美国科学院所属的军事航空委员会召开的会议。

军方让我们发明一种能够助推重型轰炸机的火箭，我需要你们的协助。

我们的研究工作终于有用武之地了！

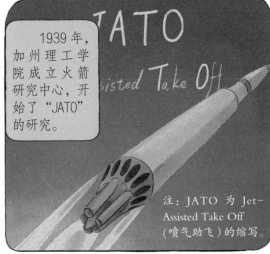

JATO
Assisted Take Off

1939年，加州理工学院成立火箭研究中心，开始了"JATO"的研究。

注：JATO 为 Jet-Assisted Take Off（喷气助飞）的缩写。

31

1941年，火箭研究中心扩大成了"航空喷气通用公司"。

美国军方希望我们尽快培训出一批能熟练掌握新武器的军官。

我这里还有一批军用装备的订货合同。

于是，作为顾问的钱学森不仅要做科学研究，代替冯·卡门为航空系的研究生们讲课，还得给军官们上课。

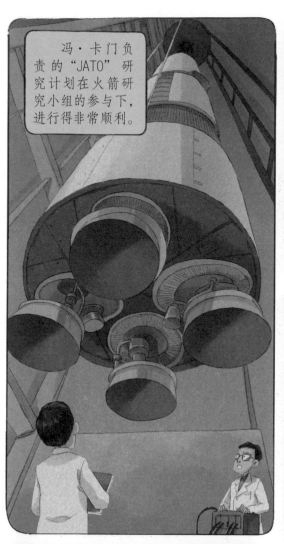

冯·卡门负责的"JATO"研究计划在火箭研究小组的参与下，进行得非常顺利。

钱学森和小组成员没日没夜地查阅资料。

冯·卡门和钱学森及小组成员不停地开会讨论，

反复进行推演。

钱学森和小组成员来到塞科山谷，进行火箭试飞实验。

火箭试飞成功！钱学森和小组成员们高兴得欢呼起来。

1941年8月，"JATO"诞生了。

感谢你们的付出，我们成功了！

这是我们应该做的。

后来"JATO"迅速被美国空军应用于第二次世界大战的战场。

随着日本偷袭珍珠港,第二次世界大战出现重大转折。

钱,我们将加入军队去往战争前线,你要好好保重。

我会坚持我的梦想,你们保重!

火箭研究小组正式解散。

1942 年 12 月，在冯·卡门的推荐下，钱学森通过安全考核。

此后，钱学森进入了美国军事机密机构工作。

1943 年，冯·卡门收到美国军方送来的高度机密照片。

你手里的是什么照片？

是美国军方寄来的，让我们研究。

两个人一起认真观察着照片。

钱，你觉不觉得这个建筑物很像某种武器的基地？

你的意思是，这有可能是火箭研发基地？

准确地说，应该是火箭发射台。

这么说，德国研制出可用于作战的火箭了？！

来自英国的情报说，他们已经开始批量生产了。

这可不妙。

这说明德国的火箭技术已经远超美国了。

如果火箭被他们大批量生产出来，用于实战，可能对盟军不利。

是，所以军方需要我们确定照片上的建筑物到底是什么。

1944年1月，美国军方向喷气推进实验室正式下达了名为"ORDCIT"的绝密计划。

美国陆军炮兵部让我们尽快研制出可以用于作战的火箭。

德军的火箭多次轰炸英国，被英军击落了很多，你尽快去伦敦进行实地考察。

以冯·卡门为首的喷气推进实验室，开始了美国第一枚火箭武器的研制工作。

1944年9月，美国陆军航空兵司令阿诺德与冯·卡门进行了秘密会谈。

我需要你组织一批专家，成立科学顾问团，赴欧洲考察德国法西斯的火箭导弹技术，制订出美国空军未来二十、三十年的发展计划。

没问题，过段时间我提交一份名单给你。

冯·卡门在桌前列着科学顾问团的名单，钱学森的名字也在其中。

阿诺德司令，这是名单，一共由36名科学家和工程师组成。

钱学森，是位中国人。

是，他是加州理工学院火箭研究小组的早期成员，在第二次世界大战期间对美国的火箭研究做出过重大贡献。

当然，这个由你来决定。

他将成为我不可或缺的助手。

他会做出杰出贡献的。

行，那就按照你的来。

没问题，希望你们尽快将发展计划制订出来。

1945年4月，钱学森以美军上校身份随冯·卡门一起前往战败前夕的德国进行考察。

随后，在冯·卡门的指导下，科学顾问团对此次考察进行了讨论、总结并撰写了报告。

报告名为《迈向新高度》，共分13卷，由钱学森撰写5卷，剩余几卷由顾问团其他成员分别撰写，钱学森的贡献收到美国军方高度评价。

《迈向新高度》受到美国国防部和军方高度肯定，成为美国战后火箭、导弹、飞机长远发展计划的重要蓝图。

后来，钱学森发表了多篇关于火箭发展的报告，成为这个领域里的专家。

请看下一册

《《 我们必须征服宇宙
第5册 他日归来 》》

图书在版编目（CIP）数据

我们必须征服宇宙. 第4册 / 钱永刚主编；顾吉环, 邢海鹰编著；上尚印象绘. -- 北京：
电子工业出版社, 2023.9
ISBN 978-7-121-45988-7

Ⅰ.①我… Ⅱ.①钱… ②顾… ③邢… ④上… Ⅲ.①航天 - 少儿读物 Ⅳ.①V4-49

中国国家版本馆CIP数据核字（2023）第131837号

责任编辑：季　萌
印　　刷：当纳利（广东）印务有限公司
装　　订：当纳利（广东）印务有限公司
出版发行：电子工业出版社
　　　　　北京市海淀区万寿路173信箱　邮编：100036
开　　本：889×1194　1/16　印张：36　字数：223.2千字
版　　次：2023年9月第1版
印　　次：2023年9月第1次印刷
定　　价：248.00元（全12册）

　　凡所购买电子工业出版社图书有缺损问题，请向购买书店调换。若书店售缺，请与本社
发行部联系，联系及邮购电话：（010）88254888，88258888。
　　质量投诉请发邮件至zlts@phei.com.cn，盗版侵权举报请发邮件至dbqq@phei.com.cn。
　　本书咨询联系方式：（010）88254161转1860，jimeng@phei.com.cn。